JN213356

フランスのかわいい雑貨に出合う

宝探しのパリ暮らし

Mash Aya

KADOKAWA

はじめに

Salut（サリュ）!!　はじめまして。私たちはフランス・パリ在住の夫婦、MashとAyaです。私たちは、２０１９年にYouTubeチャンネル「MashAyaVideo」を開始しました。当初は、フランスで訪れた場所や体験してきた日常を発信していましたが、蚤の市にたくさん行くようになり、古物の持つ愛らしい形や色、装飾の良さに感動し、ヴィンテージやアンティークの歴史や価値などの知識はありませんでしたが、その世界にのめり込んでいきました。

私たちの元にやってきた古いものは、きっとどこかの誰かに大切にされてきたものばかり。それが時代を経て、自分たちの元にやってくるなんて、なんて魅力にあふれたものなんだろう。そう思ううちに、今では壁一面に飾っても飾りきれないほど、たくさんのアイテムが集まりました。

蚤の市の動画をまとめるようになると、「蚤の市を訪れてみたいです！」といった、たくさんの視聴者さんからのコメントをいただくようになりました。そして、「発信してきたことを本にまとめてみませんか？」とお声がけいただき、フランスで出合って、大切にしてきた古いものを一冊の本にすることに決めたのです。

パリ暮らしというと、キラキラしたイメージがあると思いますが、皆さんが想像するような暮らしはなかなかできないもので、毎日普通の生活を送っています。素敵なパリ暮らしを伝える本はたくさんあると思いますが、私たちだからこそ伝えられることはなんだろうと考えると、やはり「フランスの古くてかわいいものの魅力」だと思うのです。

実際にこの本ではどんなところを伝えたいかというと、ヴィンテージやアンティークのものは、使うほどに愛着が湧いてきて、より好きになっていくのが魅力の一つだと思いますが、〝蚤の市を訪れた〟という思い出があるので、使うときにそれを思い出すこともできます。また、自宅での楽しみ方やものを選ぶときのコツ、私たちが〝宝探し〟のように楽しんでいる蚤の市の巡り方など、動画で語ってこなかったこともたくさん詰め込んでいます。

本を制作する中で、自分たちのヴィンテージやアンティークへの愛の深さにも驚きましたし、それと同じくらい、そのアイテムを作り出した過去の職人の豊かな才能にも改めて驚かされ、同じクリエイターとしてさ

らに敬意を払うようになりました。

ヴィンテージ品というと、格式の高いものに感じる方もいらっしゃるかもしれません。私たちも「何年代に作られた貴重なもの」「作者は有名な人でこんな歴史があって」といったうんちくが語られるイメージでした。しかし、フランスの蚤の市というのは、堅苦しいルールはありませんし、素晴らしい名品に出合うというよりも、「なんかわからんけど魅力的で素敵やん！」というものに出合える場所。しかも安いものなら数ユーロでも手に入る。好きなものに出合い、手に入れたときの楽しさはこの上ないものです。また、誰かが大切にしていたものが、次の人に渡って大切にされていく。そんなロマンチックなものだと思うのです。

一つご注意いただきたいのは、今回、一冊を通して、私たちの視点や好みで語っています。年代や歴史を語るところはほぼなくて、私たちが「かわいい！」と思う感覚を何より大切にして選んだものばかりです。そのため、ヴィンテージの世界はこんなに気軽に足を踏み入れることができるんだ！と思っていただける一冊になっているのではないでしょうか。私たちがそうであるように、「なんだかおしゃれ」「このデザインが好き」「とにかくかわいい！」という、皆さんが感じる気持ちを大切にしていただけたらいいなと思います。

この本を手に取ってくださった皆さんは、ヴィンテージやアンティークが好きな方、雑貨やインテリアが好きな方でしょうか？　もしかすると何気なく手に取ってくださった方かもしれません。ものが大量にあふれ、同じものが簡単に手に入る時代ですが、この本と一緒にたった一つの自分だけのものを探す旅に出かけてみませんか？　そのためのヒントがたくさん詰まっていますので、気軽な気持ちで楽しんでいただけたら嬉しいです。

ヴィンテージやアンティークの魅力が皆さまにも届きますように。

マッシュ Mash

大阪生まれ。2016年に渡仏し、在仏8年(2025年2月現在)。

大学時代にヨーロッパ18カ国をバックパッカーとして巡ったことをきっかけに写真を始める。大学卒業後はフォトスタジオや編集プロダクション、写真事務所で広告や報道、雑誌など幅広いジャンルの撮影を経験。写真家として作品制作にも取り組み、さまざまな写真展に参加。

2016年、フランスに拠点を移し、フリーランスのフォトグラファーとして活動を開始。2019年にパートナーのAyaとYouTubeチャンネル「MashAyaVideo」を開設し、YouTuber、ビデオグラファーとしても活動の幅を広げる。2024年には、パリで撮影した写真をまとめた写真集『Arobase Paris』を自費出版し、大阪のBEATSというギャラリーにて個展を開催。現在は写真・映像制作、YouTube、ヴィンテージ販売、商品制作など、多方面で活動中。

趣味はお酒と料理。パリに移住後、蚤の市に魅了され、ヴィンテージアイテムの収集を開始。古いものやレトロなものへの愛着が、現在のYouTubeチャンネルでの配信やヴィンテージ販売に繋がっている。

アヤ Aya

大阪生まれ。2017年に渡仏し、在仏7年(2025年2月現在)。

幼少期より絵を描くこと、自然の中で遊ぶことが好きで、小学生の頃に『週刊少年ジャンプ』の漫画家に憧れ、漫画家やイラストレーターを志す。大阪芸術大学デザイン学科に進学し、在学中に漫画投稿を続けるもプロデビューには至らず、卒業後は大阪の菓子メーカーに就職。パッケージデザインや商品開発に携わるかたわら、イラスト作品の制作や展示会への出展、オリジナル作品の販売などを行う。

2017年、フランスに拠点を移し、フリーランスのイラストレーター・デザイナーとして活動を開始。2019年にはパートナーのMashと共にYouTubeチャンネルを開設。2023年には日本での販売イベントにおいてデザイン、商品制作、販売を手がけ、「maruo vintage」とのコラボアクセサリーを発表。2024年には大阪・阪神百貨店梅田本店でのポップアップショップを開催するなど、YouTube、ヴィンテージ販売、商品制作など多岐にわたる分野で活動を続けている。無類の猫好き。

CONTENTS

Column

Chapter 2

Column

Chapter 3

写真　Mash
イラスト　Aya
デザイン　寺尾友里
校正　麦秋アートセンター
DTP　キャップス
協力　横島朋子
編集　相馬香織
包山奈保美(KADOKAWA)

※1ユーロ=159円(2025年2月3日現在・端数切り捨て)で計算、記載しています。
※本書ではフランスの街中で行われている古道具市を「蚤の市」、古道具を「ブロカント」として表記しています。
※本書に記載しているURLは、2025年2月時点の確認です。

パリの蚤の市と
ヴィンテージショップ

Marchés aux puces de Paris et
boutique de produits vintage

Chapter 1

kiosko

BAR RESTAURANT
JORDAN
23

du Manège

PARIS

―パリ―

DATA

フランスの首都で、フランス最大の都市。パリの始まりとされるシテ島やルーヴル美術館のある1区を中心に時計回りに20区の行政区が並んでいる。パリの三大蚤の市といわれるクリニャンクール、モントルイユ、ヴァンヴの蚤の市は定期開催されている。

さまざまなアイテムが並ぶ
花の都・パリの蚤の市

パリの蚤の市は、クリニャンクールやヴァンヴの蚤の市のような定期開催の蚤の市は限られていて、ほとんどが不定期開催のもの。フランスの首都ということもあり、パリでの蚤の市は、食器やアクセサリー、美術品、洋服などさまざまなアイテムが並んでいて、ヴィンテージだけでなく、アンティークのアイテムも見つけることができます。観光客も多いので、その分値段も少し高め。地方都市を巡る時間がないけれど、満遍なくアイテムを見たいというときにはおすすめです。A

私たちがパリの蚤の市の開催情報を確認しているオンラインサイトはこちら
▶ https://vide-greniers.org
※今回紹介する蚤の市はすべて不定期開催のものです

1 Avenue Trudaine
トリュデーヌ通りの蚤の市

センスのいい店主が店を構える おしゃれエリアの蚤の市

観光地としても知られるモンマルトルのほど近くで開催されたトリュデーヌ通りの蚤の市。素敵なカフェも並ぶエリアとあって、モダンなアイテムも多く見かけました。

この日は、グラスを求めて食器などのお店を見て回ったのですが、お気に入りのアイテムを発見。蚤の市では狙っていたものが見つからないことも多いのですが、こうして出合えたときの喜びは格別です。普段、私たちは、出店数の多い蚤の市を選んで訪れているのですが、私たち好みのものを取り扱っているマダムに出会えたこともこの蚤の市での収穫でした。実際に足を運んでこそ出合えるものがたくさんあるのが蚤の市のいいところですが、こうした人との出会いも楽しみの一つでもあります。M

（上）古本も並ぶトリュデーヌ通りの蚤の市。マダムもムッシュもお目当ての本を探している。（下）どれでも一つ10ユーロ（1590円）のコーナーで掘り出しものに出合うことも。

Mash Ayaの大好きなサルグミンヌのアグレストシリーズのお皿たち。こんなにたくさん揃うのは珍しい。

テント内に美しく並べられた家具や食器には、店主のセンスの良さが表れている。

このお店の食器の置き方は、整理整頓されていてとてもきれい。お店ごとに店主の性格が表れる。

蚤の市では大きな鏡もよく売られている。鏡越しの風景も写真や動画を撮りたくなるほど素敵。

センスのいいマダムから購入した美しい琥珀色の個性的なグラスは、ガラスの凸凹と色味がお気に入り。

2 Île Saint-Louis
サン・ルイ島の蚤の市

橋の上にずらりと並ぶテントたち。観光地だが、地元の人もたくさん訪れている。

(上) フランスらしい建物を背に賑わう蚤の市。よく晴れている日は、気分もより一層高まる。(下)川と光に映える美しい燭台。このお店はどれも美しく飾られていた。

ジュエリーのように並ぶスプーン。それぞれに店主の説明が書かれていて、心遣いを感じる。

質のいい雑貨と出合える
パリ中心地の蚤の市

サン・ルイ島はセーヌ川の中洲にあり、シテ島と並んでパリ発祥の地と称される場所。ここでの蚤の市は、セーヌ川にかかる橋の上にテントが並んでいて、雰囲気も良く、観光がてらに訪れたいところです。これまで2回ほど訪れましたが、お店の方はブロカントを専門にしている方も多く、質のいい雑貨と出合いたいという方におすすめです。

また、こぢんまりとしている蚤の市ですが、小物の種類が豊富で、アクセサリーやジュエリーもたくさん並んでいました。私は素敵なアクセサリーを、Mashは自分に合う指輪を探していましたが、二人ともお気に入りのものをゲット。商品の並べ方が丁寧で、大切に扱っている店主が多く、見て回るだけでも楽しい蚤の市でした。 A

たくさん並ぶ雑貨の中から、Ayaは形のかっこいいインク入れが気になっている。

テーブルに並ぶさまざまな種類のオーバル（楕円）の額は、写真だけでなくイラストを飾ってもよさそう。

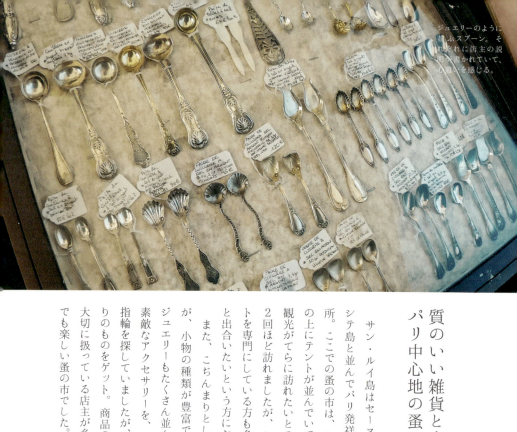

Mash Aya's Choice

黄色のアクセントとお花がかわいい陶器でできたシュガーポットは、Mashお気に入りのアイテム。

個性的で素敵なイヤリングたち。お気に入りのアクセサリーが複数見つかるのは珍しい。

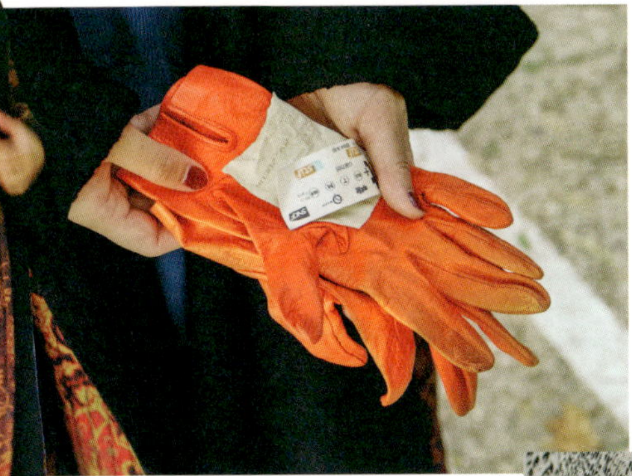

（左）厚手のリバーシブルなアウターは、二人兼用で愛用。（上）アウターのポケットに入っていたオレンジの手袋。

なかなかいいものが見つからず、やっとゲットできた指輪は今でもよく身につけている。

3 Rue Lecourbe

ルクルブ通りの蚤の市

雑貨や家具を壁にかけるなど、ディスプレイの仕方にも店主の個性が表れている。

掘り出しものに出合える地元に愛される蚤の市

ファミリー層が多く暮らす15区の住宅街近くで開かれていた蚤の市は、静かで落ち着いたエリアということもあり、パリの日常にある蚤の市といった雰囲気。そのため、ガラクタにも思える食器や日用雑貨などを出品する人もいましたが、中には専門業者もいたので、掘り出しものを探すような楽しみがありました。

土地柄のためか、パリ中心地の蚤の市と比べると価格設定が低いのもこの蚤の市の特徴。もちろん、人気のお皿などは価格が高めですが、観光客が少なくライバルが少ないので、お宝に出合えるチャンスでもあります。地元のかわいいパン屋さんやカフェなども点在していて、蚤の市を楽しんだ後は、街を散策してみるのもおすすめです。 M

a

b

c

d

a.蚤の市の告知をする垂れ幕が掲げられている。b.蚤の市近くの教会。c.この辺りには、ファミリー層が多く住む住宅街が広がる。d.蚤の市の開催が春だったので、桜の花が咲いていた。

a.花柄の食器は、ドイツの陶磁器メーカー・ビレロイ&ボッホのもの。b.サルグミンヌのアグレストシリーズのお皿を発見。c.中東の雑貨のような雰囲気のあるアイテムたち。

Mash Aya's Choice

サルグミンヌのアグレストシリーズのコーヒーカップやポット、エスプレッソカップ、シュガーポットなど。中でもカフェ用とエスプレッソ用のカップはあまり見つからないので、見つけて大喜び。

4 AXS Design
アー・イクス・エス・デザイン

スタイリングで魅せるヴィンテージショップ

11区に店舗を構え、ヴィンテージ雑貨やアンティークアイテムが並ぶ人気のショップ。オーナーのシドネーとアリエルの感性で集められた食器や、照明、家具など、さまざまなアイテムを取り扱っています。二人はアパートやレストランの装飾を担当するデコレーターでもあるため、お店のアイテムは購入するだけでなく、レンタルも可能です。

商品が陳列されているだけの店とは異なり、テーブルコーディネートの実例を楽しめるので、例えば商品単体を見ただけではわからないテーブルナプキンの素敵さに気づけることも。蚤の市ではなかなか出合えない珍しいものや状態のいいものに出合えるうえに、年代や材質などさまざまなことを教えてもらえるのもこのお店の魅力です。 A

a.店舗に入る前からテーブルコーディネートを楽しめる。**b.**割れていたアンティークのお皿の柄の部分を切り抜いて、キーホルダーや装飾品にしている。**c.** 自然光が入る素敵な空間。

a

c

b

d.お店に飾られている花は、アリエルがマルシェで購入して生けている。**e.**食器だけでなくナイフやフォークなどのカトラリーも充実。**f.**オーナーのシドネー（左）とアリエル（右）。**g.**看板犬のルルがかわいすぎて、滞在時間が長くなってしまう。

SHOP DATA

- 住所
  12 rue Saint Sabin
  75011, Paris
- 営業時間
  11:00〜19:00
  （水〜土曜）
- HP
  https://www.axsdesign.fr

Column

\ Mash Ayaが解説する！ /

蚤の市を巡る際の注意点

私たちが蚤の市を巡る際に実践していることや、
気をつけておきたいポイントをまとめました。

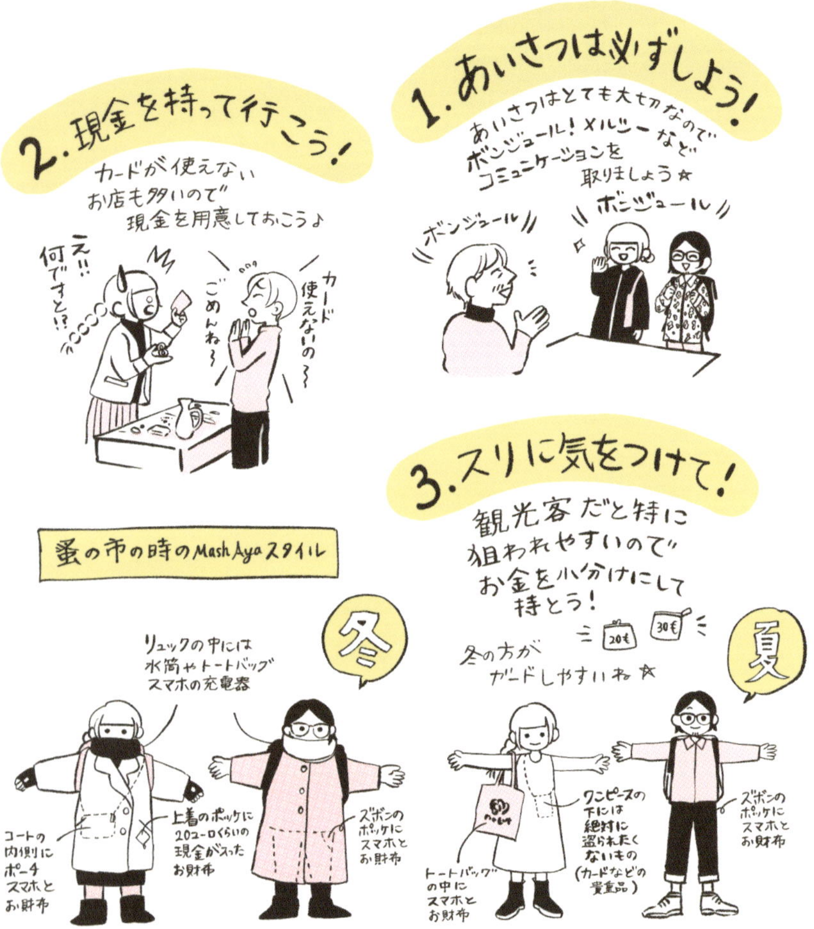

4. エコバッグやマイバッグを持って行こう！

蚤の市では
袋がもらえない
ところも多いので
マイバッグがあると
とても便利

たくさん買おう!!
って思っている人は
大きいトートバッグを
持って行くのも
ありですね

5. 冬は寒いので暖かく！

外で長時間
歩くことに
なるので
思ってるよりも
冷えます！

寒すぎて商品を
見るどころじゃ
なくなるので
カイロとか
持って行こう！

6. 目的を決めておく！

今日はかわいいお皿が
ほしい!!　カップを見つけるぞ！
など…目的があるとじっくり
見ようとするので
いいものが見つけやすくなります

ほんとうに何でもいいので
目的があると宝探し感が
増して楽しいですよ

7. いいなっ！と思ったものは買おう！

あのとき買っておけば…!!!
というのが何回もあるので
ちょっと高くても買うのもアリです！
一期一会の出会い…

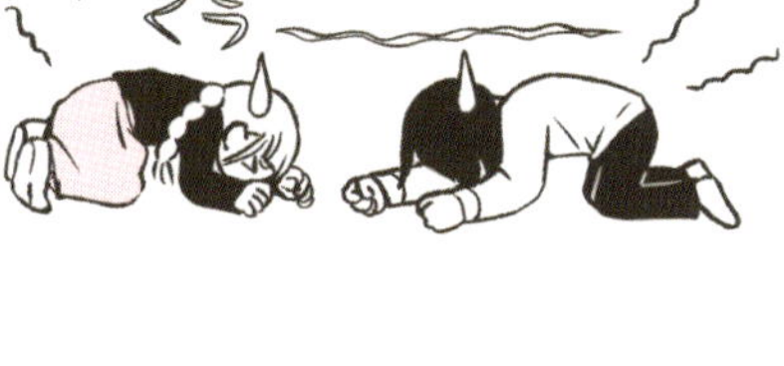

PARIS

蚤の市で見つけた素敵なものたち

いつかヴィンテージの家具やかわいい雑貨が並ぶ家に住みたいという憧れがありました。大人になってパリに住むことになり、実際に蚤の市に通うようになると、素敵なものばかりで、自分の好みのものに出合えることが楽しくなり、ハマり始めたのです。「かわいい」「美しい」「なんか気になる」そんな直感だけで購入しているのですが、僕は写真や動画を撮るので、絵になるかどうかも重要なポイント。また、料理もするので実際にお皿にのせたときをイメージしながら選ぶことも。購入したものは、棚に並べて飾ったり、実際に使ったりしながら大切に使っています。M

ヨーロッパといえば蚤の市が多いイメージがあると思いますが、私は掘り出しものを探す気持ちで蚤の市に通うようになりました。蚤の市は、必ず欲しいものに出合えるわけではないので、気に入ったものがあったとき、迷ったら購入するという決断も大切だと思います。また、ものを選ぶときには、家の雰囲気とマッチするかどうかも重要なポイント。家具や棚、壁の色に合うような配色や形のものを選ぶようにしています。A

サルグミンヌのアグレストシリーズの中でもなかなかお目にかかれないエスプレッソカップ。小さくてかわいらしいサイズ感がたまらない。

ヴィンテージのカトラリー。一度に同じ形や種類のものが揃うことがなかなかないため、さまざまなところで似たようなものをコツコツ集めている。

(上) Ayaが集めているレースは、フランスの美しいヴィンテージアイテム。(下) 昔のビールグラスや手作りのワイングラスは、それぞれ個性があるので集めるのも楽しい。

（上）フランスは絵や写真を部屋に飾る文化が根づいているため、蚤の市ではヴィンテージの額がたくさん並んでいる。（下）ワインやリキュール、ウィスキーなどのラベル（フランス語では「エチケット」）。

b

a

d

c

a.サルグミンヌの白花リムのカフェカップは、チューリップのような形とクリーム色がかわいい。**b.**カントリーな雰囲気のあるカップは、厚みがあって頑丈そう。**c.**Ayaが見つけたもので、カップの魅力に目覚めた思い出のカップ。**d.**サルグミンヌでは珍しいオリエンタル柄のカップ。

f

e

h

g

e.浅めの形状と色、花柄のバランスがかわいいカップは、内側にも花が描かれているのが個性的。**f.**イングランドの細やかな柄のエスプレッソカップ。**g.**緑のエレガントなカップもイングランドのもの。**h.**サルグミンヌのアグレストシリーズのエスプレッソカップは小さいサイズがお気に入り。

お皿一つとっても、絵や色味が異なるだけでなく、表面の凹凸や深さなど、細かい部分にもそれぞれ違いや個性があるため、どれも唯一無二のかわいさがある。ひし形のお皿はラヴィエといい、昔はバターの保存用として使われていたもの。

大きめのお皿は、ワンプレートご飯を楽しむときに活躍。かわいいお皿を使うと、料理がさらに美味しく感じられるので、こうしたお皿は何枚でも集めたくなる。個性的なアヒルのお皿は、Ayaが絵を描くためのペンや筆置きとして使用している。

Mash's Choice

Mashが選ぶ
器やインテリア雑貨

僕のヴィンテージ雑貨集めの原点は家族がヴィンテージ雑貨や器が好きだったこと。また、幼い頃からジブリが大好きで、古い家や道具、家具など、ウッディで素朴だけど美しいといったジブリに出てくるようなものも好きでした。実はAyaよりもポップでかわいらしい花柄のものなどをよくセレクトしていますが、もしかするとジブリの影響を受けているのかもしれません。

僕たちが大好きなサルグミンヌのアグレストシリーズも、初めて見つけたのは僕で、Ayaに「かわいいと思うねんけど、どうかな?」と相談して買い始めたのがきっかけです。手に入れてからめっちゃ好きになって、そこから花柄のかわいいお皿や食器を集めるようになりました。

キャニスター(陶器製の保存容器)は、実用性があまりないのですが、いつか大きなキッチンのある家に住めたら使いたいなと思い、見つけると欲しくなってしまうアイテム。もちろんそこにもこだわりがあって、エレガントな模様や形のものはあまり好きではなく、やっぱりカントリーな雰囲気のかわいい絵柄や形のものを選んでいます。

あとは燭台やクリップ、フックなど、金属製のアイテムも集めてしまいます。造形が美しくて好きなのですが、そこに奥深い魅力を感じて集めたくなるのです。

Mash's Choice 1 ポット

パリに来てから紅茶をよく飲むようになり、ポットを探すように。ポットにもカフェ用、ハーブティー用などさまざまな形があり、また地方や国が異なればさらに違った形状のものが見つかる。シルバーのものが実用的で、今一番のお気に入り。

Mash's Choice

2 燭台

キャンドルは普段あまり灯しませんが、とにかく形状が好きで集めているもの。電気が普及していない時代の生活必需品のため、当時の人が使っていた様子を想像するとロマンがあって魅力的。右奥の燭台は珍しい形で気に入っている。

Mash's Choice

3 金属製の小物

細かい細工や美しい曲線、模様などに魅かれて、ベルトのバックルや裁縫用道具、壁にかけるフックなど、金属製の小物を集めています。何かに使うことはあまりありませんが、飾ったりしても楽しめるのがいいところ。「眺めるだけでもかわいい」ということが重要です。

Mash's Choice 4

花柄の器

陶器のケース。箱やケースも無性に好きで、好みの花柄なのでとくに好きなアイテム。

ソーシエール(ソース用の器)は、ポップな赤色とお花のような形状に魅かれて購入。

持ち手のついたソーシエールは形もお気に入り。サルグミンヌのもので、表面に凹凸のあるデザインも素敵。

キャニスター(陶器製の保存容器)は、色と花柄のバランスが◎。フランス語で砂糖や胡椒などと書かれたデザインもかわいい。

浅めの形状と、陶器の色味、花柄のバランスがかわいいカップ&ソーサーはまさに僕好みのアイテム。

ドイツのブランドのお皿で、形や模様はサルグミンヌのアグレストシリーズに似ている。

専門家ではない一般のマダムが売っていたもので、実際に使っていたものらしい。この写真ではわからないが、かなり大きなお皿。

サルグミンヌのアグレストシリーズ。このお皿と出合ったことで花柄の器にハマるように。

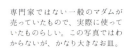

Aya's Choice

Ayaが選ぶ
紙ものとアクセサリー

Mashと一緒に蚤の市で購入した商品を紹介する動画を撮影していて、画面に映るアンティークやヴィンテージのものを見ていて、「なんて美しいんだ」と驚いたのを覚えています。新品のものにはない奥行きや存在感があふれ出ていて、言葉にはできない美しさを感じ、蚤の市やブロカントの魅力にどんどんとハマるようになりました。古いものは、時間が経ってもさらにその魅力が増していくし、そんなものを作った先人の方々は本当にすごいと思います。

私がアイテムを選ぶときには、丸みのある曲線やバランスのいい配色、エレガントやクールだったりしすぎず、愛らしさのあるものをポイントにしています。また、植物や花などの自然のものも好きなので、葉っぱや花、木などに調和するものというのも大切なポイントです。Mashと一緒に蚤の市を回っていて感じるのですが、私はイラストを描いたりデザインしたりしているので、形や質感、フォント、配色、挿絵などはとくに気になる部分でもあります。

好きなものがはっきりしているので、選ぶものに自然と統一感が生まれる気がします。このブランドだから、歴史があるから、古くて価値のあるものだから、というのはあまり考えていません。

Aya's Choice

1 紙もの

日本にいる頃から便箋やポスターなどを集めていて、パリの蚤の市でも探してしまう紙ものたち。同じものに出合える確率が低いため、紙の質感や印刷技法、箔やエンボスの加工方法など、素敵なものを見つけると必ず買っている。

Aya's Choice 2 アクセサリー

アクセサリーを集め始めたきっかけは、中央にあるピンクの石がついたイヤリング。身につけると自分がワンランク上がったような気分になり、「ヴィンテージアクセサリーってこんなに素敵なんだ！」と感動し、どんどん集めるように。イヤリングは挟む力に個体差があるため、試着してから購入することが大切。

kiosko

SOUVENIR PRECIEUX A L'AME FIDELE

ヴィンテージ雑貨あふれる自宅ルームツアー

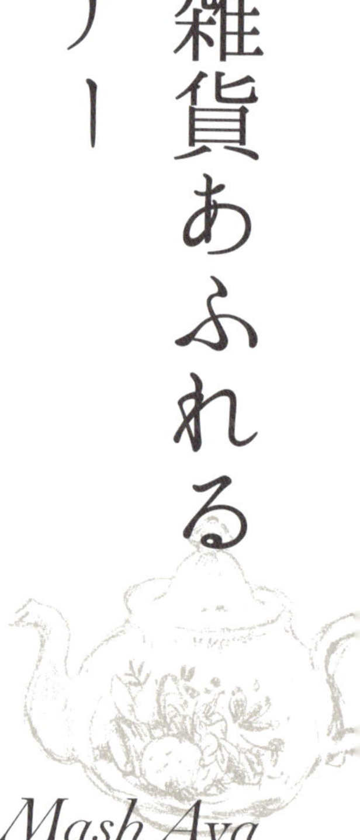

Visite de l'appartement de Mash Aya avec aperçu de nombreux objets vintage

Chapter 2

鳥の顔がかわいいムスティエのお皿は、Ayaが絵を描くときに使用する筆やインクをのせている。

自宅にあるAyaの作業スペース。Ayaの好きなものが詰まった、まさに自分だけの空間。

心を豊かにしてくれる
ヴィンテージ雑貨のある暮らし

　2024年の1月に引っ越した僕たちの新居は、パリの中でもファミリー層が多く暮らす、治安のいい住宅街エリア。備えつけの木製の棚がヴィンテージ風の趣があり、二人とも「ここええやん！」と即決しました。

　引っ越してきた当初、Ayaが描いた平面図を基に、部屋をどのように使うか、どのスペースに何を置くかなど二人で相談して決めました。この壁一面のインテリアは、Ayaがバランスを見ながら主導権を握りつつも、僕が口出しするといった感じで進めましたね（笑）。

　棚に飾っているものは、どれも蚤の市で手に入れた品々ですが、あまり深く考えずに飾って、あえて雑多な雰囲気を出すことを心がけています。というのも、フランスでよく見かけるディスプレイは、いい意味で不揃い。ごちゃごちゃしているのに、不思議と整頓されているのです。日本のディスプレイは美しく整頓されているけれど、遊びがないなと感じる部分があり、僕も日本人なのでどうしてもきれいに並べたくなってしまって、遊び心がまだまだ足りない。フランスのキメすぎない、遊び心のあるディスプレイを目指しています。

　ヴィンテージ雑貨は、そのアイテムを実際に使っていた誰かがいて、「その人はどんなふうに使っていたのだろう？」と思うと、ロマンを感じます。好きなものに囲まれているというだけでも気分が上がりますが、時代を越えて、巡り巡ってやってきたものが、自分の暮らしを彩ってくれると思うと、それだけで心が豊かになると思うのです。 **M**

KIWI

新しいものと組み合わせて居心地のよい空間を作る

私たちはそれぞれに作業スペースがあるのですが、ときにはこうしてリビングで作業をすることも。休憩するときにもリビングのフロアに座って、おやつを食べたりお茶を飲んだりしています。

ヴィンテージアイテムを上手に取り入れたいと思うのですが、私たちも空間や色の使い方はまだまだ勉強中です。例えば色については、ヴィンテージ雑貨との調和を図るため、リビングの家具は木製の家具を選ぶようにしていますが、木の色味を揃えるようにするといった細かいこだわりも大切。ときには手頃なモダンな白い家具を購入することもありますが、そういうものはヴィンテージ雑貨を飾りたい部屋での使用は避け、クローゼットなど目につかないところで使用するようにしています。

ヴィンテージ雑貨や家具の良さや魅力は、汚れなども個性になるところ。真っ白に塗りたての壁が少しでも汚れていたら、とても気になってしまいますが、ヴィンテージ雑貨は古いからこそ、それらが味になるのです。一方で存在感がとても強いものでもあるので、ヴィンテージ雑貨ばかりになってしまうと、やりすぎ感が出てしまうことも。現代のものや新しい雑貨とバランスを見ながらうまく組み合わせていくと、調和のとれたインテリアが楽しめるのではないでしょうか。

ヴィンテージ雑貨はフォルムが美しく、どこから見ても愛おしく感じるものばかり。上手に取り入れることで、家に人を呼びたくなるような素敵な空間を作ることができると思います。 **A**

インテリアで魅せる
ヴィンテージ雑貨の取り入れ方

ヴィンテージ雑貨を取り入れるなら小さなスペースから始めること

日本の家では、ヨーロッパのヴィンテージ雑貨との調和がとれず、うまく取り入れられないと悩む人も多いと思います。例えば棚の一角に、好きなヴィンテージ雑貨を並べてみて、ヴィンテージコーナーを作ってみるのはいかがですか？　白い壁があれば、そこに額や絵などを貼るのもおすすめ。まずは小さいスペースから始めてみて、少しずつアイテムを増やし、たまってきたら次は棚全体にというようにスペースを広げていくと、いつの間にか調和のとれた素敵なインテリアが完成すると思います。

壁に飾っている額装は、壁に写真やイラスト、小物を貼り、その上から額を貼っただけというお手軽なもの。きちんと額装しなくても、それらしく見えるので真似しやすいと思います。M

壁に貼るものはどんなものでもOK。さまざまな動物のモチーフや絵、カトラリー、お皿やパーツなど、好きなものを直接壁に貼ったり、上から額を重ねたりしている。

コロナ禍で街がロックダウンしていた頃に撮影した、昔の偉人のような私たちの写真は、蚤の市で見つけた額に入れて。

友人から蚤の市で買ったという花瓶をもらい、花と共に部屋の片隅に飾っている。

たくさん集めている食器は、棚に飾って見せる収納にしている。一番下の段は、大好きなサルグミンヌのアグレストシリーズで統一。

料理を盛りつけるには使用しづらいヒビがあったり、欠けていたりするお皿は、直接壁に貼ってデコレーション。

ヴィンテージのピンクの花瓶は、Ayaのペン軸入れとして使用。オフィシーヌ・ユニヴェルセル・ビュリーの石鹸ケースとの相性も抜群。

椅子も鏡もヴィンテージのもの。鏡を置いている椅子は高さを出すために選んだものの、調和がとれているためそのまま使い続けている。

棚に飾っているカップは、その日の気分で使い分け。来客時には、好みのものを選んでもらう楽しさもある。

Aya's Wardrobe

蚤の市で集めた二人のワードローブたち

アウター、ワンピース、トップス、ボトムスなど、ヴィンテージの洋服は合計50着ほど所有。

私は流行を追いかけるよりも、自分に似合う洋服を着たいと思っているタイプ。人とかぶらないファッションを楽しめるという意味でも、ヴィンテージの洋服探しは、雑貨探しに負けないくらい楽しみの一つでもあります。

ただ、ヴィンテージの洋服は、サイズが豊富に展開されているわけではないので、試着は必須。また選ぶ際には、匂いのありなしや気軽に洗濯できるものかどうかも気にしたいポイントです。

コーディネートがうまいわけではありませんが、フランスマダムをお手本にして、夏はカラフルなワンピース、冬はロングコートにマフラーを合わせるといったスタイルを楽しんでいます。

One-piece
ワンピース

お気に入りのワンピースコレクション。質感や形、素材は異なるが、エレガントさとかわいさを併せ持っているため、どんなシーンでも活躍するものばかり。

Outer
アウター

中央のアウターは古着屋で20ユーロ(3,180円)ほどで購入したもの。フードつきで暖かく、洗濯もできる優秀アイテム。

Mash's Wardrobe

ヴィンテージのシャツは20～30着所有。ズボンや靴下、下着以外はヴィンテージのものが多い。

僕にとってヴィンテージの洋服は、食器などの器と同じく、それを着ていた人のお気に入りアイテムが、時代を経て僕のお気に入りになるところが魅力。その人との繋がりが感じられるようで着ていても楽しい気分になります。今ではあまり見ないデザインのものが多く、一点ものなので特別感があるところも好きなポイントです。自分だけのお気に入りを見つけることができるうえ、価格も手頃なのもいいですよね。

柄や色味など、自分好みのデザインであれば、レディースのシャツも購入します。ただ試着してみて品がなく見えたり、洗練されていないと感じるものは選びません。

Printed Shirts
プリントシャツ

平均20ユーロ、安いものは1ユーロ(159円)で購入。中にはAyaや友人からもらったものも。

Mash Ayaがヴィンテージ雑貨を購入するときのポイント

“何より見た目がかわいいこと”

サルグミンヌのアグレストシリーズのシュガーポット。花柄や色味はもちろん、持ち手の曲線やあしらいも素敵。

ヴィンテージ雑貨には、歴史や年代などを知ってこそ気づく魅力がありますし、それをきっかけに好きになったものもあります。しかし、いくら歴史や年代などに基づくストーリーがあったとしても、ものの見た目が気に入らなければ購入する意味がないと思うのです。だから僕たちは、見たときの「かわいい！」「好き！」という直感を大切に、ものを選ぶようにしています。

これまでに購入したものを見て、改めて感じるのは、僕たちが思う見た目のかわいさ＝「形の繊細さ」「好みの花柄」「手描きデザイン」ということ。それらが複合的に重なり合っているものは、かわいさがあふれていると思います。

自分がかわいいと思うものを選ぶと、不思議なことに何年経っても飽きることはないのですよね。また、かわいいものは飾っておいてももちろんかわいいのですが、僕たちはできるだけ使うようにしています。とくに食器などは使うために作られているので、使うことでさらに愛着が湧いてくるような気がします。M

一般的なソーシエール（ソース入れ）はとんがった形が多いのに対し、これは丸みのある柔らかいフォルムが特徴。流線的な青い絵柄は繊細でエレガント。

“使っているところを想像できること”

　初めて蚤の市で購入したカップを家で使ってみたところ、まるでカフェにいるかのような素敵な心地になったことがありました。それ以来、家で使っているシーンをリアルに想像できるようになり、想像してみて「これは良さそう！」と思うものを購入するようにしています。
「見た目のかわいさ」も大切なので、ついそれに気をとられ、使っているところを想像せずに購入したお皿があります。しかし、家に持ち帰ってみると二人で使うには大きすぎて、収納もできないという事態に(笑)。そういう場合には、使用せずに飾ってしまえばいいのですが、実際に使うシーンを想像するというのはとても大切なことだと改めて実感しました。
　使うシーンを想像する際には、カフェなどを参考にすることも。パリにはおしゃれなカフェがたくさんありますが、気に入ったカフェがあれば、そこのインテリアと食器の組み合わせを撮影しておいて、食器を選ぶときに役立てたりもします。A

（右ページ）サルグミンヌのアグレストシリーズの小皿には、蚤の市で購入したポットやフォークを合わせて。（上）フランボワーズのタルトとお皿の赤がマッチして、より美味しそうに見える。

Column

古くても使えるものは大切に使うというフランスの習慣

私たちの家の椅子やテーブルも、古いものですが、まだまだ使えるものばかり。

フランスで暮らすようになって気づいたことの一つに、フランス人は日本人よりもエコに対する意識が高いということがあります。

まず、毎週のようにどこかで蚤の市が開催されているため、古いものの売買が身近なこと。そしてファッションにおいても流行を追いかけて洋服を短いスパンで消費するよりも、自分に合うものを選び、長く愛用している人が多い印象です。「自分が好きなもの」は新品でも中古品でも買うし、必要以上にものを持たないという姿勢を強く感じます。それゆえに、古くてもものを大切にするという考えが、一種の文化のように定着しているのではないでしょうか。

中古品の売買の場は、蚤の市だけではありません。「ルボンコワン（Leboncoin）」という、日本のメルカリのような中古品取引サイトがあり、業者だけでなく一般の人も売買を行っています。また、パリでは家具などの粗大ゴミをアパートの前に出すだけで、市や区が無料で回収してくれるシステムがあります。実際、街なかを歩いていると、家具や本、雑貨などがアパート前に置かれている光景を目にしますが、中には「ご自由にお持ち帰りください」と貼り紙をつけて出す人も。それで手に入れたであろう椅子や棚を抱えて歩く人にもたびたび出くわします。

僕たちも中古品で手に入れた家具は、ヴィンテージの食器や雑貨との相性が良く、お気に入りのものばかり。まだまだ使えるので、とても重宝しています。M

Brocante Tour Tips!

蚤の市巡りには腹ごしらえも大切！

1 Cafés
カフェ

腹ごしらえだけじゃない
カフェはパリを感じるスポット

あるときは朝から向かう蚤の市の前に朝食を食べたり、またあるときは蚤の市を見た帰り際に戦利品を見ながら昼食を食べたりと、カフェは蚤の市巡りに欠かせないものの一つです。ご飯を食べたいときだけでなく、ちょっと休憩したいときにも立ち寄りますが、蚤の市で時間を費やしたいなら、ついでにトイレを済ませておくことも忘れずに。

パリにはたくさんのカフェがありますが、ビールを飲みながらタバコを吸うムッシュや待ち合わせをしているマダムなど、まるで映画の世界に入り込んだような光景が広がっているので、住んでいる僕らでさえもパリらしさを感じることができる場所だなと思います。M

蚤の市が開かれる地域の有名店かどうかよりも、そのときの食べたいものや目的を大切に、巡り合ったかわいいカフェに入ることが多い。夏のテラス席で食べるランチは、最高に気持ちいいのでぜひ訪れてみてほしい。

Coca-Cola

2 Boulangeries
パン屋さん

\ Délicieux! /

蚤の市巡りついでに
お気に入りの店が
見つかることも

しっかりと食事やお茶を楽しむカフェとは異なり、ささっと腹ごしらえをしたいときに重宝するのがパン屋さん。パリには店がたくさんありますが、パンがとにかく美味しいのがいいところ。

蚤の市はランダムで行く場所を決めているので、訪れた先にどんなパン屋さんがあるのかも楽しみの一つ。いつお気に入りの店に出くわすかわからないドキドキ感も含めて、蚤の市を訪れる醍醐味になっています。

私の好きなパンは、オラネ(Oranais)というアプリコットとカスタードクリームを使ったパン。シュケット(Chouquettes)というシュー生地にパールシュガーをまぶして焼いたパンもよく買います。A

パリのパン屋さんは、まるでコンビニのようにあちこちに点在しているので、お腹が空いていなくてもついディスプレイを見てしまう。Ayaの好きな「オラネ」は甘酸っぱさとカスタードの甘さがマッチして美味しい。

わざわざ足を運びたい
フランス地方都市の蚤の市

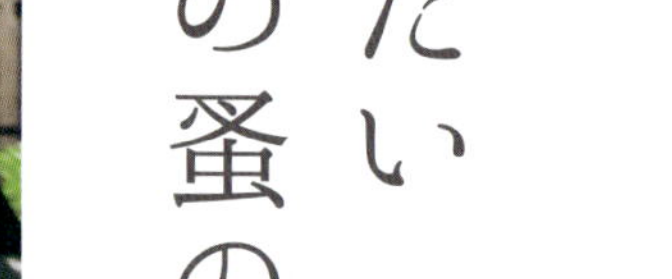

Marchés aux puces des villes régionales françaises à visiter.

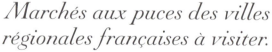

Chapter 3

RESTAURANT
PRIMUS

【北フランス】

Lille

― リールの蚤の市 ―

DATA

パリ北駅から高速鉄道TGVで約1時間、フランス北部に位置する。ベルギーと国境を接するオー＝ド＝フランス地域圏の首府であり、シャルル・ド・ゴールの生地としても知られている。

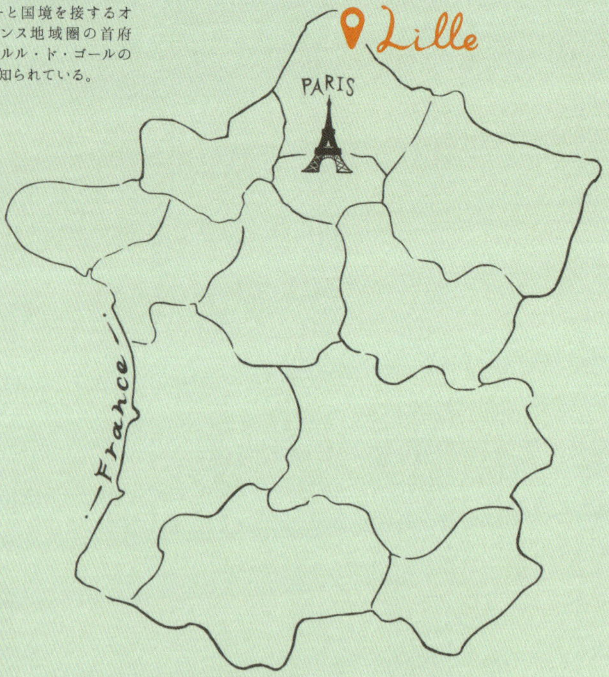

リールといえばヨーロッパ最大級の蚤の市が有名

ベルギーに近い北フランスにあるリールは、フランスの中でも有数の大きな地方都市の一つ。毎年9月の第1土曜・日曜に開催される蚤の市「Braderie de Lille（リールのブラッドリー）」は、ヨーロッパ最大級の蚤の市として多くの人から親しまれています。リールには歴史ある建築物なども点在していて、観光がてら訪れるのもおすすめ。ベルギーに近いということもあり、フリットやムール貝を使った料理、ビールも有名です。M

大規模すぎてお祭り状態！気になる店ではじっくり吟味が正解

私たちが訪れた蚤の市は、ヨーロッパ最大級と称されるBraderie de Lille。町中の至るところがお店であふれ、一日歩いても回りきれないほどの大規模な蚤の市です。地元の人にとってもお祭りに近く、あちこちでアーティストによる演奏やパフォーマンスが繰り広げられ、訪れる人はみんなビールを飲みながらムール貝を楽しむなど、まるでフェスのような雰囲気。

大規模な蚤の市のため、フランス中から古物商が集まり店を構え、雑貨や器はもちろん、家具から庭に飾る石像までありとあらゆるものと出合うことができます。店がたくさんあるため、急ぎ足で回りたくなりますが、「この店いいかも！」というお店では、焦らずじっくり見るのがおすすめです。 A

a.地面にところせましと並べられた商品。足の踏み場もないが、店主に声をかけると近くで見せてくれる。b.夕暮れどきのリール駅前の景色。パリから1時間ほどなので日帰りも可能。

c.たくさん並べられたお皿。欲しいと思ったものは、在庫をすべて確認して状態の良いものを選ぶこと。d.何気なく置かれているものが実は高価ということも。

大規模な蚤の市だからこそ、売られているものの種類も豊富。ヴィンテージの時計は、童謡に出てきそうな雰囲気でかわいい。

【南フランス】

Le Lavandou

― ル・ラヴァンドゥ　海辺の町の蚤の市 ―

DATA

フランス南東部に位置し、プロヴァンス=アルプ=コートダジュール地域圏のヴァール県にある海辺の町。地中海に面し、美しい海岸線を有するだけでなく、気候が穏やかなため、多くの観光客からも人気を集めている。

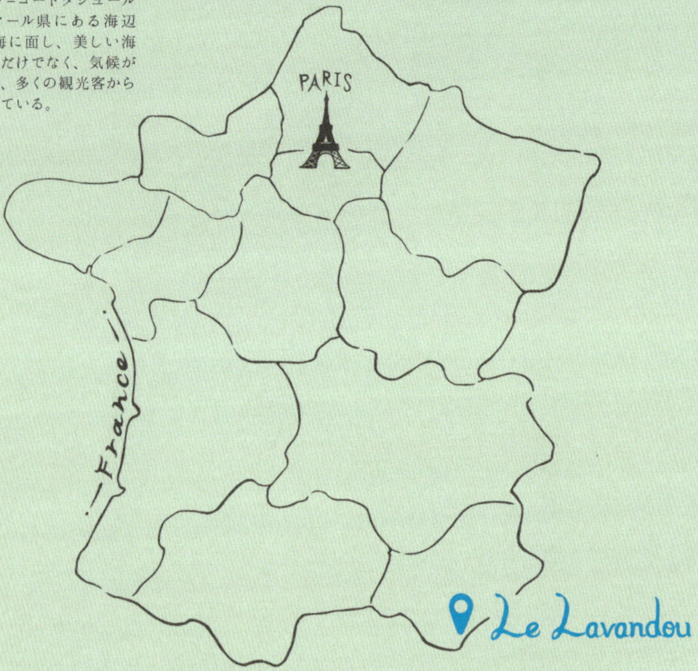

海辺の小さな町のこぢんまりとした素敵な蚤の市

ル・ラヴァンドゥは、フランス南東部の海沿いにある小さな町。南仏らしい雰囲気を纏《まと》いながらも観光地ではないため、訪れる人は、ほぼフランス人ばかり。私たちがこの町を訪れたのも、海が大好きな私が、「夏のバカンスは海に行こう！」と言い出したことがきっかけ。どうせ行くなら蚤の市も回りたいねと、立ち寄ってみることにしました。海辺の町の蚤の市は、雰囲気そのものが素晴らしく、パリでは味わえないものでした。A

地方でしか出合えない掘り出しものを探して

ビーチ沿いの道路を渡った向かい側にある広場で開催されていた蚤の市は、瓶やグラスなどのアイテムが多く並び、海辺の町の蚤の市らしさがたっぷり。さらにイタリアに近い町とあって、イタリアの古道具のようなものも売られていて、異国情緒を感じることもできました。調べても情報が出てこないような小さな町の蚤の市だったので、「ほんまにこんなところで開催されているのかな？」とドキドキでしたが、意外としっかりとした蚤の市でした。M

地方の蚤の市では、安い掘り出しものに出合うこともあるので、ここにしかないものを探してじっくり見て回りました。実際、兵隊の絵を購入しましたが、それ以来、どの蚤の市でも同じものには出合えていません。A

Le Lavandou

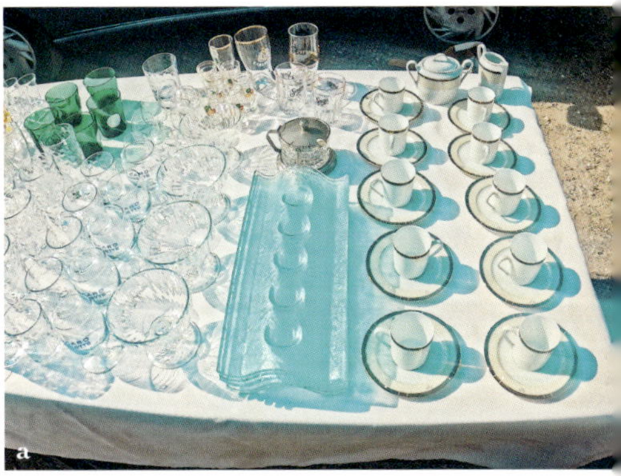

a.陽の光に照らされたかわいいカップやグラスたち。**b.**何気ないカゴや写真立ても輝いて見える。**c.**購入した兵隊の絵画はトランプの絵柄のようでかわいい。**d.**南仏の雰囲気にも合うワンピースはつい欲しくなる。**e.**燭台やガラス製の食器など、華やかなデザインのものもたくさん並んでいた。**f.**太陽の光を反射して、ガラス製品がさらに美しく見える。

【 南フランス 】

Barjac

― バルジャックの蚤の市 ―

DATA

南フランスに位置する小さな町。美しい山や森に囲まれた自然豊かなエリアで、旧市街の中心部には、歴史的な建造物や家屋、広場などがたくさん残されている。映画『未来の食卓』の舞台としても知られる。

プロも集まる 大規模な田舎の蚤の市

バルジャックは、南フランス・オクシタニー地域圏ガール県にある田舎の村。バイヤーでもあるナミさん（P118に登場）が誘ってくれたので、2024年の春に初めて訪れました。足を運んだ「Foire aux antiquités et à la brocante de Barjac」という蚤の市は、春と夏の年2回開催される催し。規模の大きな蚤の市なので、古道具の専門業者が数多く出店し、田舎の蚤の市だから品数は多くないだろうと思っていたのですが、パリの蚤の市では見かけなくなったお皿にたくさん出合うことができました。M

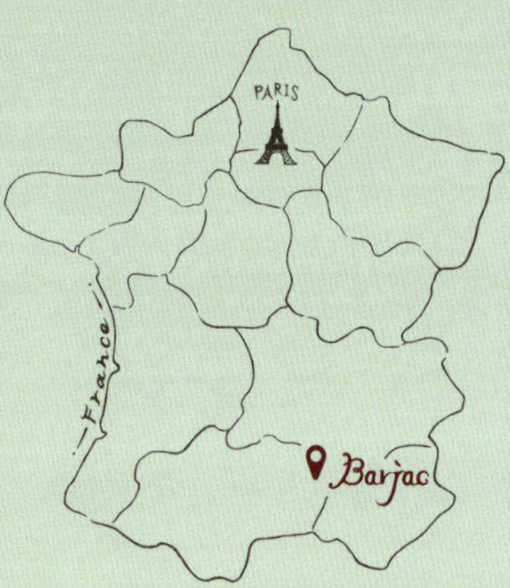

リールほどではないが、多くのお店が出店していたバルジャックの蚤の市。定番のお皿から珍しい缶ケースや木製のおもちゃなど、さまざまなものが陳列されていた。

（上）ダム・ジャンヌ（Dame-Jeanne）と呼ばれるガラスの瓶は、ワインやビネガーなどの保存瓶として使われていたもので、フランスの蚤の市でよく見かけるアイテム。（下）多くの人が足を止めていたかわいい雑貨が並ぶ店舗。

【南フランス】

Montclus

― モンクリュの蚤の市 ―

DATA

南フランスのガール県に位置する町。中世から立つ家が並び、ラベンダー畑とブドウ畑が広がる景色は、多くの観光客を魅了。フランスで「最も美しい村」の一つといわれている。

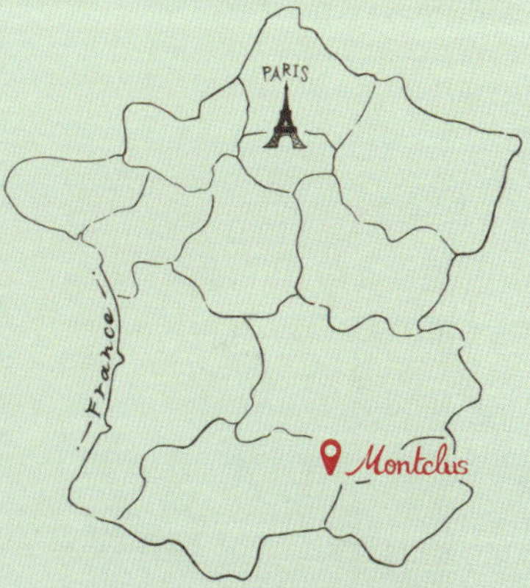

美しい村で開かれる地元の小さな蚤の市

「最も美しい村」の一つといわれているモンクリュは、かわいらしい素敵な場所。ここで開かれている蚤の市は、役所前の広場を中心にお店が並んでいるものの、お店も人出もそれほど多くなく、ローカルの蚤の市といった雰囲気。プロの業者がたくさん店を構える他の蚤の市とは異なり、地元の人が家の前でワイン片手にいらなくなったものを売っていたり、子どもたちが遊んでいたりと地域の夏祭りに近い感じ。自然豊かで素敵な場所なので、観光ついでに訪れたい場所です。M

役所前の広場をメインに開催されていたモンクリュの蚤の市。木漏れ日が降り注ぎ、かわいい雑貨が並ぶ中、何かお宝がないかとゆっくり見て回るのも楽しい。

（上）村の外れにもお店がちらほら。会場の近くには川があり、自然豊かな景色も最高。（下）アルザス地方のワインのエチケットがたくさん並んでいた。

地方都市の蚤の市で購入したもの

ドイツのものと思われる白いお皿を激安でゲット。青い海とのコントラストが美しい。

ホロホロ鳥の木製の人形は、家の壁に貼りつけてディスプレイしている。

リールの蚤の市で購入したアイテムたち。Ayaの友人が購入したものもあるが、統一感がある。

バルジャックの蚤の市で買ったもの。プロも買いつけにくる蚤の市なだけに、質の良いものが手に入る。

ワインのエチケットを大人買い。これほどの量が一度に手に入ることは珍しい。

アーティストからコレクターまで
ヴィンテージ雑貨で繋がる人々

Nos amis collectionneurs et créateurs d'objets vintage

Chapter 4

器に命を吹き込み オリジナル作品を作る

アーノルド・ダルジェ

Arnold d’Alger

アーティスト

PROFILE

トゥールーズ出身。グラフィックデザインを学び、10年間フリーランスとして活動した後、古い食器に装飾を施して再焼成できる技術を学ぶ。その後、装飾制作を始め、2019年12月に「Bazar d’Alger（バザール・ダルジェ）」を立ち上げる。

a.新古問わず食器にドローイングを施して焼き上げるため、最初に空焼きをして耐久性をチェック。**b.**ドローイングで使うたくさんの筆。**c.**食器の表面に金などのドローイングを施し、再び焼き上げてオリジナルのアイテムを制作している。**d.**アーノルドが描いた作品が壁一面に飾られている。**e.**完成した皿がずらり。

僕たちが仲良くしているクリエイションスタジオがあり、そことのコラボ作品を手がけていたアーノルド。僕がそのコラボ作品の撮影依頼を受け、撮影現場で会ったのが最初の出会いでした。話をしているうちに、彼のアトリエが素敵だというのを知り、YouTubeの動画を撮らせほしい！とお願いしたことから仲良くなりました。

アトリエに行ってみると、インテリアや小物のセンスはもちろん、そこに植物などの自然のものを融合させ、さらには古いものと新しいものを組み合わせて空間作りをしていることに感動しました。「こんな方法があったのか！」と目から鱗でしたし、彼の個性があふれている素敵な場所でした。

もちろん作り出す空間やセンスだけでなく、キャラクターも素敵な方で、とてもフレンドリー。当時、僕たちはフランス人アーティストの制作現場を見たことがなかったので、僕たちを受け入れてくれたことが何より嬉しかったのです。僕たちは、蚤の市で古い食器を集めているけれど、彼も古い食器を扱っていたり、Ayaがイラストレーターということもあり、絵を描くという部分でも共通するところがあって、僕たちの理想とするアーティスト活動をしていることにとても共感しました。

彼の作り出すお皿は、古いものにドローイングを施し、新しい作品へと生まれ変わらせる「アップサイクル」のもの。僕たちもいつかそういうものを作ってみたいと思っているので、彼の存在はとても刺激になっています。M

私たちの良き相談役
蚤の市に精通したバイヤー

Nami TP《ナミ ティーピー》

バイヤー

PROFILE

在仏23年。パリと南仏を拠点にフレグランス商品やインテリア雑貨、ブロカントのバイヤーとして日本市場向けの商品開発にも携わる。フランスの最新情報を紹介するインスタライブやオンラインショッピングを主宰するなど幅広く活動中。

a.美しい食器をさらに素敵に見せるナミさんのテーブルコーディネート。**b.**南仏で泊まった個人のお宅で、ナミさんのテーブルコーディネートによるディナー。地元の郷土料理・牛のワイン煮込みをいただいた。**c.**中庭でもディナーを楽しんだ。**d.**ナミさん持参の食器やカトラリー、小物が食卓を彩る。**e.**ナミさんの選ぶ器はどれも華やか。

ナミさんは、バイヤーとして活躍しながら、集めたものを販売したりもしていて、いわば私たちと似たような活動をされている方。彼女との出会いは、ナミさんが所属している会社で撮影をする際に協力してもらえないかと相談いただいたことがきっかけでした。

その後、南仏にある古いアンティークのような家や南仏の蚤の市に行かないかと誘っていただいて、一緒に出かけたのですが、ナミさんのテーブルコーディネートで美味しい料理をいただいたり、蚤の市に行ったり楽しい時間を過ごしました。彼女はインスタグラムで情報を発信しているので、南仏の蚤の市ではインスタライブをやっていて、私たちはYouTube用の動画を撮影したりして、目的が似ていたのも仲良くなれた理由の一つかもしれません。

ナミさんはアンティークの知識も豊富なので、歴史も含めた良さがアイテム選びの基準になっていて、セレクトするものは上品で大人っぽいものが多い印象。テーブルコーディネートもされるので、アイテムに統一感があるのです。私たちはどちらかというとごちゃ混ぜなので、そこが素敵だなと尊敬しています。

また在仏歴も長く、情報収集力にも長けているので、その後も「こういう蚤の市があるよ」と教えてくれたり「今度一緒に行ってみる？」と誘ってくれたりするので、まさにパリの先輩、お姉さんのような存在。最近は蚤の市やヴィンテージ雑貨のことだけでなく、フランスで生活していくうえでの個人的な悩みも相談していて、頼りにしています（笑）。A

今では共にアクセサリーを作る仲間のような存在

圓尾《マルオ》 瞳《ヒトミ》

ジュエリーデザイナー

PROFILE

株式会社ラトリエ・デ・ラ・ベルエポック代表取締役。フランスのヴィンテージを用いてアップサイクルやリメイクを行うコスチュームジュエリーブランド「maruo vintage」を運営。日本の代官山に直営店舗を構え、現在はパリを拠点に活動中。

a

d

c

b

e

a.昔のシャンデリアのパーツを使用して作られた「maruo vintage」の人気ジュエリー。**b〜d.**パリのAXS Designにてポップアップショップを開催した際に並べられた商品。パーツをカスタムして作るセミオーダーのための部材も並ぶ。**e.**代官山のお店のディスプレイ。

東京・代官山に店舗を構える「maruo vintage」を運営する圓尾さん。彼女は以前にもパリに住んでいたことがあり、日本に帰る前にパリのホテルでセミオーダー会を開いたことがあるのですが、その様子を動画で撮影してほしいとMashが依頼を受けてからずっと仲良くさせてもらっています。

ジュエリーの世界観通りのエレガントな方で、日本人にはなかなかいない、素敵な雰囲気を纏った人。一方、ブランドの会社を運営していることもあり、ビジネス的な観点も持ち合わせていて、すごくしっかりしている女性だなと思います。

圓尾さんが手がける「maruo vintage」は、フランスの古いパーツを使ったジュエリー。部材を蚤の市で集めているので、共通の話題で盛り上がれる仲間でもありますが、彼女と一緒にコラボアイテムを作ることになったきっかけは、私たちが日本での販売会について相談したことでした。ポップアップショップなどの経験が豊富だったので相談したのですが、「コラボで一緒にやりませんか?」と提案をしてくれました。日本での販売会は2回行っているのですが、2回目のときは私もデザインをさせてもらい、1から一緒に作り上げていった感じです。

私たちが集めてきたものを売る場合、見せ方とかもそうですがイメージや感覚でやっているところがあるのですが、彼女は現実的な計画もしっかりされていて本当に立派なビジネスパーソン。仲のいい友人でもありますが、そういうところをすごく尊敬しています。A

〝かっこいい〟がベースにある同志のようなコレクター

テルキ
TERUKI

通訳・バイヤー・コーディネーター

PROFILE

在仏25年。かつて、フランスの音楽院で教鞭を執り、とくにフランス古楽に深い造詣を持つ音楽家として活躍。バロック期から現代に至るまで幅広い時代の芸術に関心を寄せながら、時を経ても存在感を放つ古物の美しさに魅了され、バイヤーとしてのキャリアをスタート。SNSを通して、日常生活にささやかな豊かさと彩りをもたらす古物の魅力を発信している。Instagram@Formes_du_Temps

a.TERUKIさんのコレクションの一部。YouTube撮影の際、僕たちが気になったお皿をチョイスしたもの。**b&c.**白が基調の器たち。**d.**お皿や食器だけでなく、かわいい雑貨も集めている。

２０２１年に僕が依頼を受けて飲食店の撮影をした際、現場にTERUKIさんがいらっしゃったのが最初の出会い。撮影の際には仕事の話をして終わったのですが、撮影後に、実は彼もヴィンテージアイテムや蚤の市が好きでインスタグラムをやっているという話を聞き、連絡先を交換しました。

その後、仕事関係の相談の連絡があってコンタクトをとっていたら、お礼にと食事に誘っていただいたので、それならばコレクションアイテムの動画を撮影させてくださいと僕からお願いし、YouTubeの撮影をさせていただきました。

TERUKIさんと僕たちはコレクター仲間なので、同じ趣味を同じ目線で語り合える存在。僕たちのYouTubeを観てくださっている方の中には、彼のインスタグラムをフォローしているという方も多く、まさに同志のような関係です。

しかし、彼のコレクションは僕たちとはまた一味違ったものばかり。僕たちはカラフルな花柄が好きなのに対し、TERUKIさんは白を基調としたものや花柄でもワントーンのものだったり……。

僕たちのものを選ぶ基準が「かわいい」なのに対し、彼がよく口にするのが「かっこいい」というワード。使用感や傷といった前の人が使っていた形跡や、時代を経て今ここに存在しているということにロマンを感じ、コレクションをしているのだそう。それは、TERUKIさんが通訳としても活躍されるほどフランス語に長けていて、器を購入するときにもお店の方に背景やストーリーをしっかりとリサーチしているからこそ感じられるものなのかもしれません。M

Mash Ayaの買いつけ品を購入できる販売会を行いました！

Exposition / vente au Japon d'articles vintage achetés en France par Mash Aya

Chapter 5

a.オープンに向けて最後の準備を行う様子。**b&c.**用意したお皿に、maruo vintageのジュエリーを置いてディスプレイ。**d.**青いお皿は、フランスの有名陶器ブランド・ジアンのヴィンテージ品。上に飾ったmaruo vintageの貝殻のアクセサリーが映える。

アンティークギャラリーで行った本場さながらのMash Aya初の蚤の市

YouTubeを始めてから、視聴者さんから「Mash Aya蚤の市を開催してほしい」というリクエストをいただくようになりました。いつかやってみたいと思っていましたが、2023年1月に日本に一時帰国するタイミングでついに実現。東京・世田谷のアンティークギャラリーで実施しました。

会場には、私たちの選んだものだけでなく、maruo vintageのアクセサリーとのコラボジュエリーが並び、まるでパリの蚤の市のような雰囲気。また、初めて行う販売会ということで、YouTubeでいつも私たちが「かわいい」と言っている食器を実際に手に取ってもらいたい一心でしたが、日本全国からたくさんの方に来ていただいて、私たちの集めたものを購入していただけたのが嬉しかったです。A

アンティークギャラリー「マジョレル」の2階ギャラリースペースにて行った販売会。当日は500人以上応募があり、その中から120人ほどを招待した。

オリジナルブランドのグッズも登場 さらに充実した2度目の販売会

２度目の販売会は2024年８月に実施。地元・大阪での開催だったために、さらに気合いが入りました。会場はmaruoさんにお声がけいただいた阪神百貨店梅田本店で、前回とは異なり、通りがかりの方でも商品を見ることできる場所。今回はAyaのイラストや僕の写真集のほか、ブランド「M.A LAB」を立ち上げて、オリジナルグッズも販売（現在は購入不可ですが、オンラインショップ準備中）。maruoさんとのコラボジュエリーは、前回よりもさらに内容をボリュームアップさせました。

今回はAyaが日本に来られなかったので僕が毎日店頭に立って接客。視聴者さんだけでなく、出店されている他のヴィンテージショップの方とも交流できてとても楽しい販売会になりました。M

a.Ayaのイラストは、フランスの蚤の市で手に入れたヴィンテージフレームに日本で額装した。
b.来場してくださった方に宝探し感を味わっていただけるようなディスプレイを心がけた。

c.maruo vintageのアクセサリー もディスプレイ。**d.**オリジナルブランド「M.A LAB」で作製した便箋BOX。**e.**お皿だけでなく、スプーンやフォーク、アクセサリーも販売。**f.**会場の様子。Ayaの親友でアーティストのYukaさんに花を生けてもらった。

販売会のために集めたアイテム

リモージュのカップに竹のようなデザインの持ち手のスプーンを添えて。シルバーのポットを合わせて、ティータイムを華やかに。

花や貝のような形の穴の開いた大きいスプーン。
かつてはフルーツやお菓子に粉砂糖をかけるとき
や、液体からものをすくうときに使われていたそう。

上品なエッグスタンド。最近は状態が良くてかわいいエッグスタンドがあまり見つからず、価格も高騰している。

サルグミンヌのモスコウシリーズのお皿。元々はバターの保管用の受け皿だったが、小皿としても使用可能。

フランスの有名陶磁器ブランド・ジアンのお皿。ヴィンテージのカトラリーとの相性も抜群。

カップ自体がお花のような形をしたカップ＆ソーサーはあまり見かけないアイテム。販売会初日に完売した。

b

a

d

c

a.1900年頃のジアンのカップ&ソーサー。**b**.シルバーのナプキンリングは、イニシャル入りのおしゃれなデザイン。**c**.ヴィンテージのトランプ。32枚入りのものは、フランスでは数百年前から伝わるピケ(Piquet)というカードゲームで使われるのだそう。**d**.サルグミンヌのアマゾナシリーズの皿。

e.アルコロックのロザリンシリーズは、美しいピンクのガラスでかわいらしい。**f.**カメオのブローチとイヤリング。とくにピンクのカメオのイヤリングは古いものらしく、デザインも繊細で美しい。使用感のある一点ものだが、販売会で気に入っていただいた方の元へと旅立った。

（上）サルグミンヌのアグレストシリーズのお皿。このお皿を目当てに来てくださった方もいた。（下）馬のカトラリーレストは、動物好きのAyaお気に入りのアイテム。

ファイアンス・ド・リヨンのローズ・ド・ノエルシリーズのお皿。大きくプリントされたお花がポイント。

ジアンのシャルドンシリーズは、アザミがプリントされたやや深さのあるお皿。

風景とボタニカルが描かれたラヴィエ皿。絵柄と雰囲気に魅かれて購入したもの。

リュネヴィルのパルマンティエシリーズは、形状が個性的な一枚。

陶器のケースはMashの一目惚れで購入したもの。色も形もかわいい一品。

サルグミンヌのアグレストシリーズはお気に入りのため毎日使用している。

ショワジー・ル・ロワのお皿は、ワンカラーながら華やかなバラのプリントがかわいい。

サンタマン（ノール）のリシュリューシリーズのお皿は、細かい絵柄が印象的な一枚。

クレイユ・エ・モントローのペリュッシュシリーズ。楕円形のラヴィエはあまり見ない貴重なお皿。

サンタマン・エ・アマージュ・ノールのアカシアシリーズ。アカシアがプリントされたお皿。

Mash Aya 買いつけ日誌

ソーシエールを買った
これかわいいけどどう使っていいかむずかしいよな～
たしかに～ソース入れる機会ないしなぁ
友人宅にて
どうぞ～
ズ
えーっ!!! フルーツ入れに使うのかわいい!!!
そっか! 何入れてもいいんや!!!
とられてた
フランスに来てすぐの頃
このお皿20ユーロ 安いのか…高いのか そもそもかわいいのか?
わからん…
今
うんうん…
わかる、何がいいかわからんよね…20ユーロはちと高いけどめっちゃ気に入ったら買いだよ でも5ユーロのお皿とかから始めるのもいいよ!! あと初めてならカップを買うのもオススメだよ!!!
食器のかわいさについて
ぜったいかわいいってコレ!!
えー…うちはそんなかな～
帰ってサムネイル撮影中…
えっ!? 何コレかっわい!!!
だから言ったやん
写真撮影するとものの良さがわかる
VERDUN
20 Vues Choisies
何度も写真を撮るチャンスがあったからこそ気づいた…
アンティークとかヴィンテージとか昔のものって…
めっちゃ映える…

アクセサリーが欲しくても上手く買えなかった頃・・
あ…かわいい…
ボンジュール
ニコーっ
あっ…ボンジュール!!
良い人そう…!!
じ……
メ…メルシー~
ダメや…!!! 緊張してじっくり見られないぃ!!!!
オヴァ(さよなら)
ペコッ
そもそも似合うのかもよくわからない…
試したいけど何て言えばいい?!!
フランス語で話しかけられてもわからんし申し訳ないし
試してみて価格聞くまでのハードル高すぎるし…
ムリっっ!!!!(涙)
みんなぁ~大丈夫やよ~
もう何回も蚤の市行って思ったけど ボンジュールとメルシーをしっかり言えていれば フランス語ができなくても ジェスチャーでなんとかなるよ~!!! お店の方も慣れている!!! 笑顔は大切なので にこやかな方が良いのは間違いない~~!!!
「試したいです」はフランス語で「エスクジュプエッセイエ?」(私はそれを試してもいいですか?)って言うので 気になったものはどんどん試してみてね! たのしいよ~~^^
気に入ったのが見つかったら「セ・コンビアン?」(これはいくらですか?)って価格を聞いて 数字をスマホなどで打ってもらって 予算が合えば買ってみてね★
良いの買えますように~☆

Mash Aya
っぽい
蚤の市の楽しみ方
蚤の市で見るのは商品だけじゃない!!
素敵なマダムやムッシュが何を買ってるのか見れるのも楽しい★
そしてファッションも参考にしてます!!
何に使うのそのビン!?なイケメンお兄さん
良い椅子Getしてるお姉さん
初めて見るものを2人で推理する
これ何やろ…
この先っぽ何かひっかけて使うとか?
だいたい教えてくれるお店の人
それキャンドルの火消し専用のハサミやで
帰って買ったものを並べて見てニマニマする
かわいい
かわいい
これ…
もう何回も行ってるのに
新しい発見が毎度ある…
全然飽きない
それが
蚤の市…
すご…
Le. Paris
Café.
ふ〜〜〜つかれたっ
蚤の市の買いものが終わりその辺のカフェにふらっと入ってお茶するのが最高に良いです

Mash Ayaの
オリジナルアイテム
制作物語

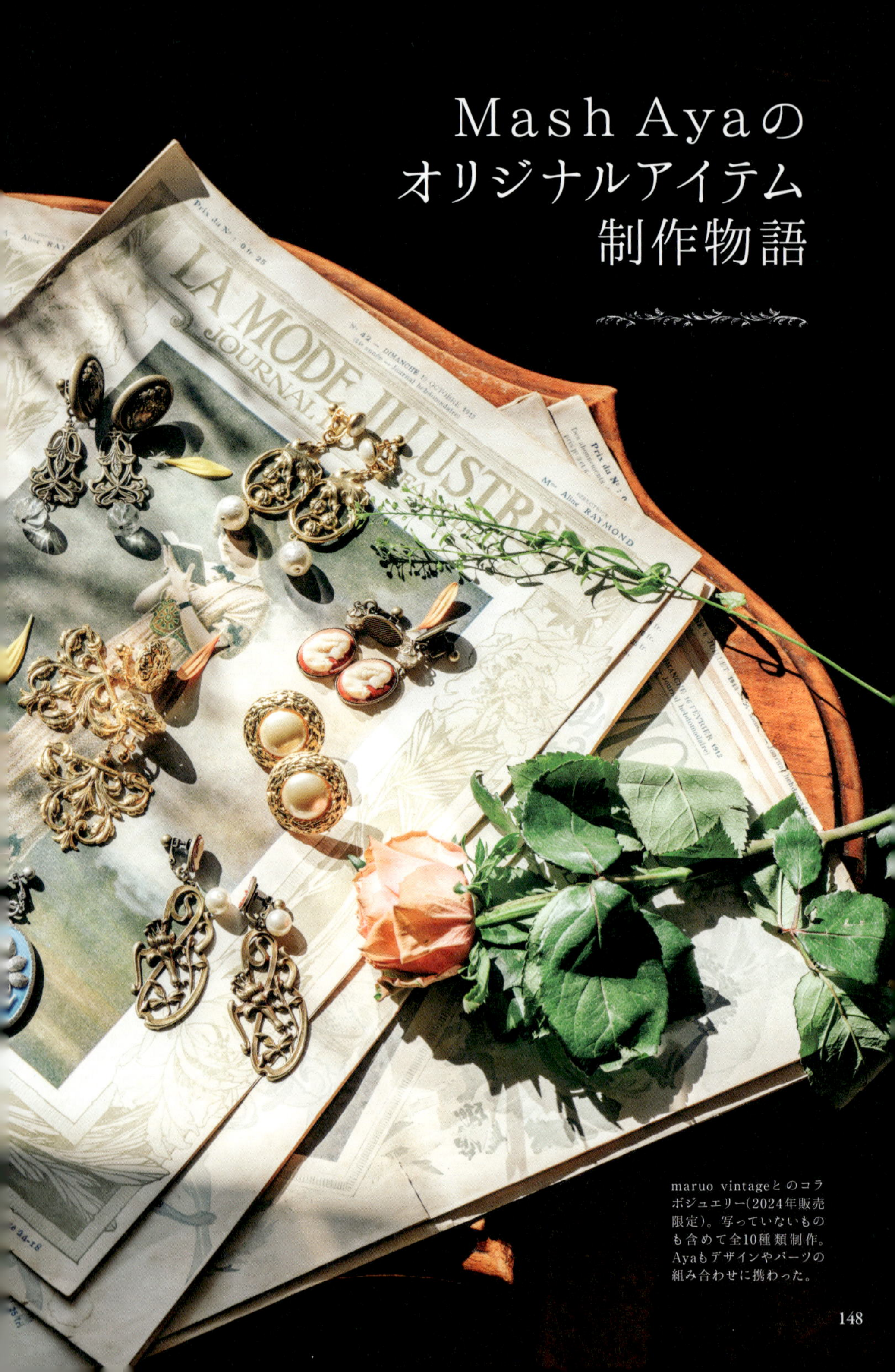

maruo vintageとのコラボジュエリー(2024年販売限定)。写っていないものも含めて全10種類制作。Ayaもデザインやパーツの組み合わせに携わった。

仕事と両立させながら作ったオリジナルアイテム

2023年に販売会を行ったときから、次こそオリジナルアイテムを作りたいという思いがありました。アイテムはYouTubeメンバーの皆さんにも意見を伺い、以前から要望があったMashの写真集のほか、トートバッグやAyaのイラスト、2023年にも取り組んだmaruo vintageとのコラボジュエリーなどを作ることに。

Mashの写真集は、すべて撮り下ろし写真で構成したので、改めてスナップ写真の撮影に出かけ、膨大なカット数からセレクト。写真のオリジナルプリントと私のイラストは、蚤の市で見つけた額に額装したのですが、実はMashの実家に送り、家族総出で額装しました。私はコラボジュエリーのデッサンをデザインとして使うことにしたので、まずはデッサンを描き上げ、そこからアイテム作りがスタート。トラブルも多く大変でしたが、どの作業もとても楽しかったです。

A

コラボジュエリーのデザインや、それを基にした便箋の制作、イラストや写真集制作、圓尾さんとのコラボジュエリーのパーツ探しなど、どれも真剣に取り組んだ。

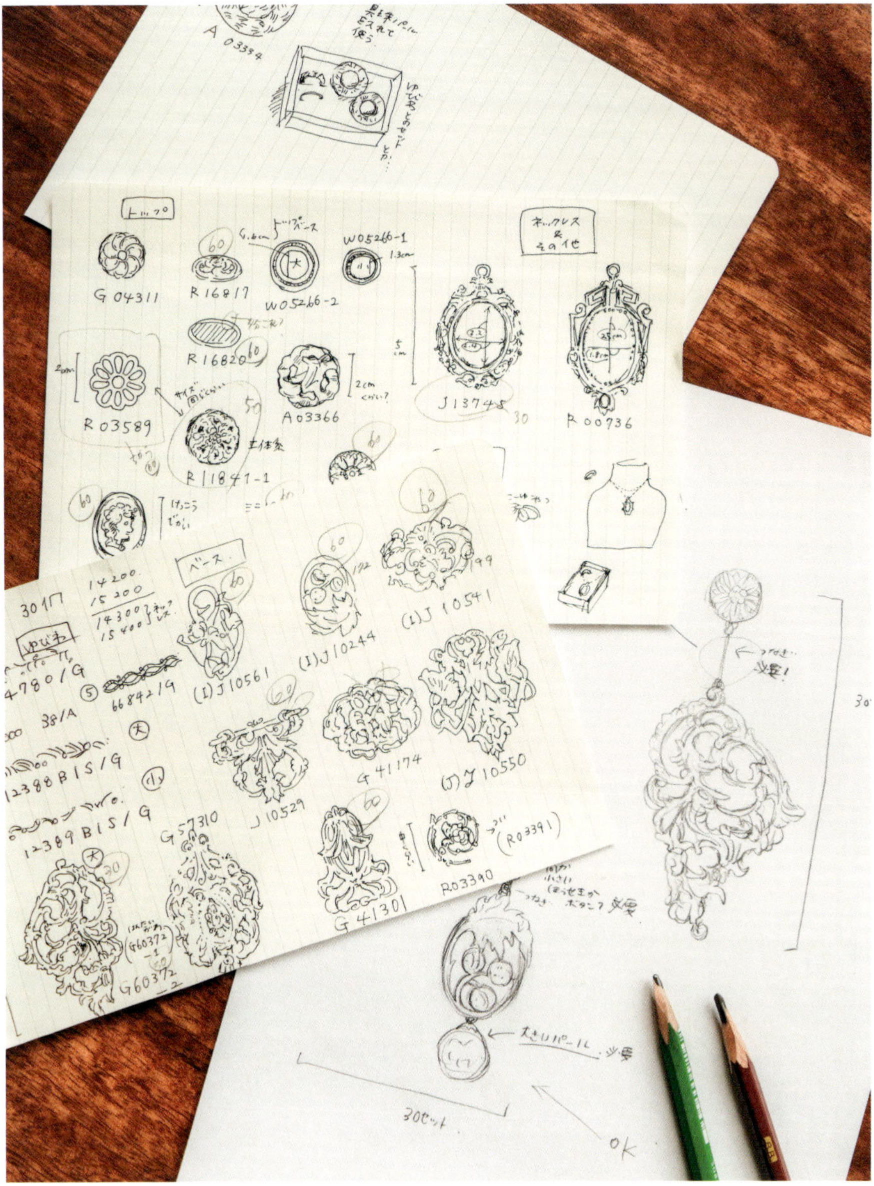

アクセサリーの組み合わせを考えているときに描いたデザイン案。買いつけに行った際はもちろん、買いつけ後にもパーツを見ながら描いていった。

心を込めて作った Mash Ayaオリジナルグッズ

Mashの写真集『Arobase Paris』のとあるページ。パリで撮影したスナップ写真をまとめた一冊。

古いものから影響を受けたオリジナルグッズが完成

2024年の販売会でお目見えしたオリジナルグッズ。お客さんからは「待っていました！」と嬉しそうに購入していただき、僕たちもとても嬉しかったです。トートバッグは全部で3種類作りましたが、中には全種買うお客さんもいて、作った僕たちが驚いてしまいました。

元々クリエイターとして憧れていたオリジナルグッズ制作。これまでミニ写真集やポストカードなどは作りましたが、念願だった写真集やトートバッグ、便箋などを作ることができて、またそれを購入していただけて、本当に嬉しかったです。また、ヴィンテージのお皿とオリジナルトート、ジュエリーを持っているお客さんの姿をレジから見たときにはさらに感動。僕たちが今まで発信し続けてきた「古いものも新しいものも愛する」という思いが伝わったような気がしました。 M

オリジナルイラストや写真の額装、コラボジュエリーのデザインだけでなく、それらを活かした便箋やトートバッグなど、私たちだからこそ作ることができたアイテムが盛りだくさん。

おわりに

パリでの暮らしは、思い通りに進まないことも多く、思っていたより大変なことの連続です。文化の違いに驚いたり、逆に感心したり、日本で暮らしていると気づけない自分に出会うこともよくあります。そんな中でも、当たり前だと思っていた、パン屋さんでパンを買うこと、カフェに行くこと、食材の買い出し、家での風景などを、日本にいる家族にも楽しんでもらえたらいいなと思って始めたのが私たちのYouTubeです。その中の一つだったのが二人で出かけた蚤の市。「これがかわいい」「これはなんだろう?」と探し回ったり、それを持ち帰って家で使うことが楽しかったので、動画にまとめていたのですが、まさか本を出すことになるとは想像もしていませんでした。

本の制作過程で、これまでの動画や写真をたくさん振り返りましたが、私たちのパリ生活の記録を振り返っているようで楽しかったです。YouTubeを始めた当初、「顔出しでやろう」と決断して、YouTubeを始めた自分たちをある意味褒めたいと思います(笑)。

私たちはそれぞれ、フォトグラファーとイラストレーターというクリエイターでもありますが、この本では過去の写真や動画から素材を集めたり、改めて撮影したり、イラストを描いたりと、ここ数年分の私たちの作品を詰め込みました。私たちが動画を撮影する際には、自分たちの見た美しい瞬間を切り取って伝えたいと思っているので、この本には、あまり人が行かないような海辺の蚤の市や有名でないカフェの写真なども紹介しています。

Egg
Red Egg

本を制作するにあたり、「なんとなく『かわいい』」で済ませてきたことを、編集の方からいろいろと質問いただいて、改めてしっかりと考えることができました。すると、「あ、そういう部分に魅かれてるんや！」「意外とこれは素敵やと思ってないねんな」という新しい発見もあり、私たちが大切にしている「かわいい」の解像度がより高くなっていきました。ある意味、自分たちと向き合った時間でもあり、こだわりを再確認できたのかもしれません。私たちが自分軸で好きなように楽しんでいるように、素敵なものの取り入れ方にルールはなく、皆さんも自由に楽しんでいただけたら嬉しいです。

本の中でも紹介しましたが、フランスのヴィンテージに魅了され、さまざまな活動をしている仲間がいます。皆それぞれ独自の楽しみ方で、作品を作ったり、販売したり、インスタグラムで発信したりしています。この本を通して、そんな仲間たちを知っていただく機会が得られたこともとても良かったです。

私たちのヴィンテージの楽しみ方は今はこの本の通りですが、蚤の市巡りを始めたときからは変化しています。５年後、10年後と時を経ていくにつれ、好きの基準が変わり、好きなものの幅も広がり、集めるものもおそらく変化していくでしょう。そんな変化が楽しめるのも、ヴィンテージの良さの一つだと思うので、皆さんも今の感覚を大切にしながら、自分の好きなもの、自分だけのお気に入りのものとの出合いを楽しんでいただけたらと思います。

今まで自分たちが集めたものや、動画でまとめてきたものを振り返ると、蚤の市で出合ったものが、自分たちのコレクションになっただけでなく、写真や映像としていろんな人に届くようになり、さらにはそれが商品となって、多くの人に届いていることに気づきました。視聴者さんや、ヴィンテージ好きの仲間など、いろいろな人との出会いのキッカケにもなっていたのだと驚くばかりです。そして今回本になったことで、皆さんにこの本を手に取っていただけたことで、さらに新たな繋がりができてとても嬉しく思います。

最後になりましたが、今回お声がけいただいたＫＡＤＯＫＡＷＡさんをはじめ、協力いただいた横島さん、編集さん、デザイナーさん、本で紹介した仲間たち、YouTubeの視聴者さん、メンバーの皆さん、そしてこの本では紹介しきれなかったたくさんの友人や家族に助けられ、支えられてこの本ができたと思っています。皆さん本当にありがとうございました。

この本のタイトルでもある「宝探しのパリ暮らし」は、まさに私たちの暮らしのテーマです。今回は蚤の市での宝探しをテーマにしましたが、私たちは日常のあらゆるところに宝（自分にとっていいなと思うもの）はないかな？と探しながら暮らしています。自分たちの持つ「かわいい」や「素敵」と思う感覚を信じて、今後もパリだけでなく、さまざまな場所で素敵な瞬間を切り取り、動画や作品を作り続けていきたいと思います。読んでいただきありがとうございました。この本が誰かの役に立ちますように。

Au revoir! À bientôt.（オ ヴァー！ アビアント）

- YouTube : @MashAyaVideo
- Instagram : @mashayavideo
- X : @mashayavideo

フランスのかわいい雑貨《ざっか》に出合《であ》う

宝探《たからさが》しのパリ暮《ぐ》らし

2025年4月1日　初版発行

著　者　Mash《マッシュ》 Aya《アヤ》
発行者　山下 直久
発　行　株式会社KADOKAWA
〒102-8177　東京都千代田区富士見2-13-3
電話0570-002-301（ナビダイヤル）
印刷所　TOPPANクロレ株式会社
製本所　TOPPANクロレ株式会社

本書の無断複製（コピー、スキャン、デジタル化等）並びに
無断複製物の譲渡および配信は、著作権法上での例外を除き禁じられています。
また、本書を代行業者等の第三者に依頼して複製する行為は、
たとえ個人や家庭内での利用であっても一切認められておりません。

●お問い合わせ
https://www.kadokawa.co.jp/（「お問い合わせ」へお進みください）
※内容によっては、お答えできない場合があります。
※サポートは日本国内のみとさせていただきます。
※Japanese text only

定価はカバーに表示してあります。
©Mash Aya 2025 Printed in Japan
ISBN 978-4-04-607431-7 C0077